Amazon Echo

Das Handbuch für Beginner und Fortgeschrittene

Inhaltsverzeichnis

Einleitung 1

Kapitel 1: Die Entstehungsgeschichte 4

Wie funktioniert der digitale Assistent? 7

Kapitel 2: Die Einrichtung des digitalen Assistenten
.... 9

Die Bedeutung der verschiedenen Farben 11

Die ersten grundlegenden Befehle 12

Die zehn meistgenutzten Funktionen von Amazon Echo 14

Die Funktion Musik hören 18

Die Funktion Smart Home 20

Die Sicherheit und Smart Home 25

Kapitel 3: Der ganze Kosmos Alexas 26

Die Amazon Produkte 26

Produkte von anderen Anbietern 27

Kompatible Apps 30

Kapitel 4: Alexas Skills 31

Spaß mit Alexa 33

Kapitel 5: Probleme mit Amazon Echo 36

Schlusswort 38

Nachricht an den Leser 40

Quellen 41

Impressum 42

Einleitung

Amazon Echo ist ein digitaler Assistent, der von der Plattform Amazon.com entwickelt wurde. Der Markteintritt in den Vereinigten Staaten fand am 23.06.2016 statt. Das Gerät ist mit sieben Mikrofonen ausgestattet.

Die Basisvariante dieses digitalen Assistenten ist unter dem Namen Amazon Echo Dot bekannt, die zweite Variante ist unter dem Namen Amazon Echo bekannt. Die Version Echo Dot ist eine vereinfachte Version des Amazon Echo Dot und ist nicht mit den charakteristisch hohen Lautsprechern ausgestattet.

Dieser digitale Assistent wird über eine digitale Sprachsteuerung bedient. Die Verbindung zum Internet ermöglicht die Nutzung verschiedenster Internetdienste. Zudem wird das Produkt stetig weiterentwickelt und erhält von Zeit zu Zeit neue Features.

Dieses Buch zeigt nicht nur, wie der durchschnittliche Benutzer von Amazon Echo das Gerät zum Abspielen von Musik und zum Organisieren des Alltags verwendet, sondern bietet tiefergehende Informationen über weitere Nutzungsmöglichkeiten. Mit einigen zusätzlichen Adaptern können beispielsweise die Heizung oder die Beleuchtung zu Hause geregelt werden. Diese Geräte bieten eine grundlegend neue Art des Alltags und der Organisation des Alltags.

Das Design des Amazon Echos erinnert an einen einfachen Lautsprecher. Über die Lautsprecher können verschiedene Befehle an den digitalen Assistenten weitergegeben werden, welche dann von ihm bearbeitet werden. In diesem Buch wirst du einiges über die verschiedensten Verwendungsmöglichkeiten dieses Produkts erfahren. Vor allem den Ansatz des „Smart Home" werden wir uns genauer ansehen. Zusätzlich wirst du erfahren, wie du dein Amazon Echo mit verschiedenen Apps, wie Rezept-Apps, Workout-Apps oder Trainings-Apps, ausstattest und dies dann ganz praktisch im Alltag nutzen kannst. Für Beginner können die unglaublichen Möglichkeiten von Amazon Echo überwältigend sein, weswegen hier ein guter Überblick über die vielfältigen Informationen wartet. Für fortgeschrittene Nutzer des Amazon Echos gibt es in diesem Buch einige weitere nützliche Tipps und unterhaltsame Tricks!

Der wöchentliche Newsletter der Plattform http://www.alexaskillstore.de ermöglicht interessierten Nutzern mit den neusten Veränderungen und Updates auf dem Laufenden zu bleiben.

Tauche ein in die futuristische und aufregende Welt des neuen Alltags mit Amazon Echo! Entdecke und genieße die Vielfalt eines erleichterten Alltags!

Kapitel 1: Die Entstehungsgeschichte

Die Abteilung Lab126 wurde im Jahre 2004 von Amazon gegründet. Ziel war es elektronische Produkte zu entwickeln. Das erste erfolgreiche Produkt dieser Abteilung war das Kindle mit dem „E Ink"-Display, das Nutzern weltweit ermöglichte E-Books zu einem enorm günstigen Preis zu lesen. Der Erfolg dieses Konzepts ermutigte zu weiteren futuristischen Neuerungen. Das zweite Projekt war das „Fire Phone", welches 2014 auf den Markt kam. Dieses Konzept scheiterte jedoch, die erhoffte positive Resonanz für dieses Produkt blieb aus. Das Smartphone war mit einer „Eye tracking" Funktion ausgestattet, welche die Kontrolle des Bildschirms durch die Augen ermöglichte. Des Weiteren konnte durch die „Firefly" Funktion als Fotos abgespeicherte Produkte im Internet erworben werden. Nach nur 14 Monaten wurde die Produktion dieses Smartphones eingestellt. Anlässlich dieses Misserfolgs wurde das dritte Projekt der Abteilung Lab126 nicht auf den Markt gebracht. Bis heute ist nicht bekannt, was das dritte Produkt war. Im Jahr 2011 wurde dann das vierte Projekt gestartet – das Amazon Echo! Das Produkt Amazon Echo wurde so konzipiert, dass sowohl Geräusche erzeugt, als auch verarbeitet werden können und somit ein den Alltag erleichternder digitaler Assistent zu einem geringen Preis für Nutzer weltweit zur Verfügung steht.

Als Vorbild für Alexa diente der Bordcomputer des weltweit berühmten Raumschiffs Enterprise. Ungefähr 100 Millionen US-Dollar investierte Amazon in die Entwicklung von Alexa.

Das Entwicklerteam um Jeff Bezos optimierte das Gerät bestmöglich. So wurde die Reaktionszeit zwischen der Frage des Anwenders und der Antwort des digitalen Assistenten von neun Sekunden auf unter zwei Sekunden reduziert. Der Name des Produkts ist Amazon Echo und angesprochen wird der digitale Assistent mit dem Namen Alexa, weswegen das Produkt auch häufig Alexa genannt wird. Die Hardware ist also das Amazon Echo, während die Software Alexa ist. Ziel des Entwicklerteams war es den Alltag der Menschen futuristischer und einfacher zu gestalten. So können die Nutzer Amazon Echo bitten beim Nachhause kommen das Licht einzuschalten oder die Heizungsregelung zu optimieren. Durch einfache Spracheingaben kann die Lieblingsmusik der Nutzer abgespielt werden oder vom Entspannungsmodus in den Partymodus gewechselt werden.

Die Grundlage für die Software Stimme wurde von einem Start Up Unternehmen in Polen kreiert und dann im Jahr 2013 von Amazon übernommen. Die Stimme gehört einer professionellen deutschen Sprecherin, die exklusiv für Amazon arbeitet. Amazon hält die Identität der Sprecherin streng geheim.

Das Produkt besteht nun erfolgreich seit zwei Jahren auf dem Markt, erfreut sich immer raffinierteren Erweiterungen und Apps, obwohl vor dem Markteinstieg durchaus gemischte Kritiken zu hören waren.

Es gibt kleine aber feine Unterschiede zwischen dem Amazon Echo und dem Amazon Echo Dot. Das Amazon Echo ist durchschnittlich für 180 Euro zu erstehen und bietet die Nutzung des Alexa Kosmos und einem absolut tollen Klang. Das Amazon Echo Dot ist für rund 60 Euro im Durchschnitt erwerblich. Auch das Amazon Echo Dot bietet einen guten Klang und kann zusätzlich mit einer externen Audioquelle verbunden werden. Außerdem bietet es einen USB Anschluss zur externen Stromversorgung.

Falls du mehrere digitale Assistenten nutzt, wird immer das dir am nächsten stehende Gerät reagieren. So besteht keine Gefahr, dass mehrere Geräte laut und wild durcheinander spielen oder agieren.

Wie funktioniert der digitale Assistent?

Sobald du mit deinem Amazon Echo kommunizierst, ihm also Spracheingaben lieferst, werden diese Nachrichten aufgenommen und an einen mit dem Amazon Echo verbundenen Cloud-Service, einem Amazon Server, geschickt. Die Hardware, also Amazon Echo, ist also mit diesem Cloud-Service verbunden und reagiert, sobald sie mit Alexa angesprochen wird. Zur schnelleren Verarbeitung werden die auditiven Nachrichten in Textnachrichten umgewandelt, bevor sie an den Cloud-Service versendet werden. Danach wird die Nachricht analysiert und in einen entsprechenden Befehl umgewandelt. Wenn beispielsweise der Befehl „Alexa, Licht an!" gegeben wird, dann wird die Verknüpfung mit Licht und dem Wort an verarbeitet und umgesetzt. Um die Befehle verarbeiten und umsetzen zu können, muss das Amazon Echo Gerät natürlich mit dem Internet verbunden sein, sonst kann keine Verbindung zu dem Amazon Cloud-Service aufgebaut werden. Laut Amazon werden persönliche Gespräche nicht dauerhaft aufgenommen und ausgewertet, sondern ausschließlich wenn das Codewort Alexa genannt wird, wird der darauffolgende Befehl aufgenommen. Für skeptische Nutzer hält das Produkt einen Mute-Knopf bereit, mit dem das Gerät ausgeschaltet werden kann.

Des Weiteren speichert das System die Spracheingaben der jeweiligen Nutzer, um schneller und präziser auf dessen Anfragen reagieren zu können. Diese gespeicherten Eingaben können jederzeit aufgerufen und gelöscht werden. Jedoch tragen die gespeicherten Befehle maßgeblich zur effizienten Nutzung des Geräts bei, weswegen die Löschung dieser gespeicherten Befehle nicht empfohlen wird.

Ein toller Vorteil von Amazon Echo ist, dass die Software Alexa immer weiterentwickelt wird. Die Hardware bleibt nach wie vor die Verbindung zwischen Nutzer und der Software Alexa, währen die Software Alexa stetig von Experten weiterentwickelt wird. So wird die Nutzung immer weiter optimiert und neue Features werden hinzugefügt.

Kapitel 2: Die Einrichtung des digitalen Assistenten

Zwar mag sich das komplexe System für neue Nutzer kompliziert anhören, bei näherer Betrachtung zeigt es sich jedoch sehr nutzerfreundlich und die Bedienung ist einfach zu erlernen.

Zur Einrichtung des digitalen Assistenten werden ein Amazon Echo oder ein Amazon Echo Dot, ein Smartphone mit Android oder iOs oder alternativ ein Computer und eine stabile WLAN-Verbindung benötigt.

Das Smartphone wird über die Alexa-App mit der Software verbunden. Wenn der Computer zur Einrichtung verwendet werden soll, geschieht dies über die Internetseite alexa.amazon.de. Die Internetseite und die App können zum Einrichten des persönlichen Assistenten genutzt werden und zum Durchforsten der verschiedensten amüsanten und nützlichen Apps.

Nun sollte das Amazon Echo Gerät mit dem beiliegenden Stromkabel mit dem Strom verbunden werden. Sobald der Computer oder das Smartphone mit der entsprechenden

App oder Internetseite verbunden ist, kann sich dort in das Amazon-Konto eingeloggt werden. Nun wird Alexa dich auffordern, den Instruktionen des Setup Modus der App oder der Internetseite zu folgen. Dabei wird an der Oberkannte des Geräts der Ring orange aufleuchten.

Falls der Ring an der Oberkannte des Geräts nicht orange aufleuchtet, drücke den Aktionsknopf für einige Sekunden. Der Aktionsknopf ist der Knopf mit dem Punkt oben am Gerät. Das Gerät wird dir nun eine von zwei Meldungen präsentieren: Entweder, dass Alexa sich nicht mit dem Internet verbinden kann, oder, dass dein Amazon Echo Gerät nicht für die Hilfefunktion registriert ist. Die Lösungen für beide Meldungen findest du in der Alexa App oder auf der Alexa Website.

Der nächste Schritt ist, die Anmeldedaten des eigenen WLANs an die Amazon Echo Hardware zu versenden. Dazu wird im Smartphone die WLAN Einstellung aufgerufen und sich mit dem Netzwerk „Amazon-…" verbunden. Daraufhin muss die Alexa App oder die Verbindung zur Alexa Website neu gestartet werden und das Setup kann beendet werden. Jetzt muss noch das WLAN Passwort eingegeben werden und schon ist das Amazon Echo mit dem Internet verbunden und der Spaß kann beginnen!

Solange du dein Amazon Echo nicht vom Strom trennst oder es ausschaltest, ist es automatisch immer mit dem Internet verbunden, solange eine Internetverbindung gibt.

Die Bedeutung der verschiedenen Farben

Der Ring an der Oberseite des Geräts kann in verschiedenen Farben leuchten:

- Ein orangefarbenes Licht, dass sich im Uhrzeigersinn dreht: Amazon Echo versucht sich ins WLAN einzuwählen. Bei längerfristigen Problemen sollte ein Blick in die Alexa App oder auf die Alexa Website geworfen werden. Eventuell muss die Verbindung zum Internet neu eingerichtet werden.

- Ein violettes Licht bedeutet, dass die Verbindung zum Internet nicht hergestellt werden kann.

- Kein Licht: Das Gerät befindet sich im Standby Modus und ist bereit für neue Spracheingaben.

- Ein blaues Licht in die Richtung des Nutzers bedeutet, dass das Gerät die Spracheingabe aufnimmt und verarbeitet.

- Ein blaues Licht mit rotierenden roten Lichtern bedeutet, dass das Amazon Echo hochfährt. Dies kann nach der Nennung des Weckworts Alexa beobachtet werden.

- Ein durchgängig rotes Licht weist darauf hin, dass die Mikrofone durch die Mute Taste deaktiviert wurden und das Gerät nicht zur Spracheingabe verwendet werden kann.

- Ein weißes Licht erscheint, wenn die Lautstärke am Gerät verändert wird.

Die ersten grundlegenden Befehle

Einige grundlegende und einfache Befehle für den Anfang können beispielsweise so aussehen:

- Alexa, lauter. – Dies erhöht die Lautstärke um eine Stufe.

- Alexa, leiser. – Dies verringert die Lautstärke um eine Stufe.

- Alexa, laut. – Der Ton wird eingeschaltet.
- Alexa, leise.- Der Ton wird ausgeschaltet.
- Alexa, Lautstärke 3. – Die Lautstärke wird auf einer Skala von 0-10 auf die Lautstärke 3 gesetzt.
- Alexa, stopp. – Jegliche Aktivitäten werden gestoppt.
- Alexa, wiederholen. – Die letzte Nachricht von Alexa wird wiederholt.
- Alexa, Hilfe. – Alexa kann dir unglaubliche viele Fragen beantworten. Du kannst sie beim Setup von Apps um Hilfe bitten oder sie fragen, wie viele Kilometer es bis zum Mond sind.

Je länger du dich mit dem Amazon Echo beschäftigst, desto selbstverständlicher und leichter wird dir die Nutzung fallen und du wirst schon bald viele weitere Möglichkeiten zur Kommunikation entdecken!

Die zehn meistgenutzten Funktionen von Amazon Echo

Die zehn meistgenutzten Funktionen von Amazon Echo sind ohne die Installation von zusätzlichen Apps oder weiterer Software nutzbar. Die fünf meistgenutzten Anwendungsmöglichkeiten sind:

1. Audiobücher hören! Wenn du ein Konto bei Audible hast, kann Alexa dir deine dort im Konto befindlichen Audiobücher abspielen. Falls du kein Audible Konto hast, kannst du dir ein Konto auf der Seite audible.de anlegen. Erstnutzer erhalten für die ersten 30 Tage einen kostenlosen Zugang. Gold-Mitglieder erhalten ein Audiobuch gratis. Nun kannst du die Wiedergabe über deine Alexa App steuern oder aber auch Alexa den Befehl geben „Alexa, spiele das Buch..." oder „Alexa, Pause". Alexa wird sich merken an welcher Stelle du ein Audiobuch unterbrochen hast und wird dort zu einem späteren Zeitpunkt wiedereinsetzen.

2. Kindle E-Books anhören! Falls du Kindle E-Books besitzt, kannst du dir diese von Alexa vorlesen lassen. Mit Befehlen wie „Alexa, lese..." oder „Alexa, mein Buch fortsetzen" kannst du das Vorlesen der E-Books steuern.

3. Musik hören! Über das Hören von Musik mit dem Amazon Echo wirst du im weiteren Verlauf des Buchs noch ein eigenes Kapitel finden.

4. Sportergebnisse oder Sporttermine abfragen! Alexa kann dir nicht nur die neusten Ergebnisse und Termine rund um die Bundeliga nennen, sondern du kannst in den Einstellungen der Alexa App oder auf der Alexa Internetseite ein sogenanntes Sportupdate hinzufügen. Über dieses Sportupdate kannst du Alexa so programmieren, dass sie dir bei dem Befehl „Alexa, gib mir mein Sportupdate" die neusten Entwicklungen deiner Lieblings-Fußballmannschaft nennt.

5. Fragen an Alexa stellen! Dies ist ein unglaublich vielfältiger und spannender Bereich. Alexa verwendet die Bing-Suchmaschine und die Informationen aus Wikipedia, um dir deine Fragen zu beantworten. Du kannst beispielsweise mit Befehlen wie „Alexa, wer war der erste Präsident der USA?" oder „Alexa, wann war das Mittelalter?" Informationen von Alexa erhalten. Eine beliebte Frage ist „Alexa, wie wird das Wetter morgen?" und Alexa wird dir den Wetterbericht für deine lokale Position morgen nennen, sofern du diene lokale Position über die Alexa App oder die Alexa

Internetseite gespeichert hast. Über diese Funktion kannst du auch deinen Weg zur Arbeit einspeichern und Alexa dann morgens fragen „Alexa, wie ist der Verkehr? – und Alexa kann dir aktuelle Informationen zur Verkehrslage deines Arbeitswegs nennen. Oder aber du kannst Alexa fragen „Alexa, wie viel ist 200 geteilt durch 7,5?" und Alexa wird es für dich ausrechnen. Zusätzlich kann dir Alexa beim Umrechnen von verschiedenen Maßeinheiten behilflich sein oder Lokalitäten in deiner Nähe suchen. „Alexa, wo ist das nächste italienische Restaurant?" und Alexa wird dir das am nächsten gelegene italienische Restaurant nennen. Du kannst dann beispielsweise einen Telefonanruf mit dem Restaurant aufbauen lassen, dir von Alexa die Öffnungszeiten oder weitere Informationen rund um das Restaurant geben lassen. Hast du schon mal versucht Alexa nach den neu angelaufenen Filmen in deinem Lieblingskino zu fragen?

6. Die aktuellen lokalen oder internationalen Nachrichten hören! In der Alexa App oder auf der Alexa Internetseite kannst du deine bevorzugten Nachrichtendienste auswählen und so die Quellen für deine Nachrichten über Alexa festlegen. Wenn du Alexa nun fragst „Alexa, was gibt es Neues?", dann wird Alexa dir die neusten Informationen aus

deinen ausgewählten Nachrichtenquellen vorlesen.

7. Kalender oder Tagesplan erstellen und verwalten! Wenn du einen Google Kalender und einen Microsoft Outlook Kalender nutzt, kannst du mit Alexa ganz einfach deine Aktivitäten planen und verwalten. Mit Befehlen wie „Alexa, welche Termine habe ich am Donnerstag?" oder „Alexa, füge Kino mit Bert und Susanne am Samstag um 21.00 Uhr hinzu" kannst du deinen Kalender ganz einfach organisieren. Des Weiteren kannst du dies noch weiter definieren, indem du Wecker und Timer einstellst. Du kannst über die Alexa App oder die Alexa Internetseite verschiedene Wecker, Timer und deren Lautstärke abspeichern. Über Sprachbefehle geht dies natürlich auch. Beispielsweise kannst du Alexa sagen „Alexa, stelle meinen Wecker für morgen auf 9.00 Uhr", „Alexa, schlummern" oder „Alexa, stelle einen Timer auf 10 Minuten ein".

8. Einkaufen! Alexa kann dein optimaler Shopping-Assistent sein! Du kannst Alexa bitten dir einen neuen Filter für dein Aquarium bei Amazon zu bestellen „Alexa, bestelle einen Aquarium Filter". Alexa wird dann einen vierstelligen Sicherheitscode abfragen und den gewünschten Artikel direkt bei Amazon bestellen. Du kannst außerdem

deine Bestellungen verwalten, verfolgen und Einkauflisten erstellen.

9. Smart Home! Auch zu diesem Thema wirst du im weiteren Verlauf des Buchs noch tiefergehende Informationen finden. Grundsätzlich kannst du vom Licht, über die Heizung, Schlösser und Alarmsysteme mit Alexa deinen gesamten Haushalt organisieren und kontrollieren.

10. To do-Listen erstellen und organisieren! Über die Alexa App oder die Alexa Internetseite kannst du deine Listen von Apps wie Todoist oder any.do importieren und verwalten. Du kannst über die Sprachfunktion auch Listen von Alexa erstellen oder abrufen lassen. Beispielsweise kannst du Alexa fragen „Alexa, was steht auf meiner To do-Liste für morgen?", „Alexa, was steht auf meiner Einkaufliste?" oder „Alexa, schreibe Milch auf meine Einkaufsliste".

Die Funktion Musik hören

Dies ist sicherlich die meistgenutzte Funktion. Neben den Amazon eigenen Quellen für Musik wie Audible oder Prime Music können auch auf andere externe

Quellen für Musik zugegriffen werden, wie beispielsweise Tune In oder Spotify.

Befehle wie „Alexa, spiele etwas aus dem Genre Klassik", „Alexa, spiele einen Titel des Künstlers..." oder „Alexa, gebe meine Playlist... wieder" erleichtern die Organisation von Musik durch Spracheingaben. Weitere nützliche Befehle sind „Alexa, Daumen hoch" oder „Alexa, Ich mag diesen Song nicht" um Favoritenlisten zu erstellen oder zu bearbeiten.

Mit dem Amazon Echo oder dem Amazon Echo Dot kannst du auf deine Amazon Musik Bibliothek zugreifen. Dort kannst du kostenlos bis zu 250 Lieder speichern. Für einen Jahresbeitrag von ungefähr 25 Euro kannst du sogar bis zu 250.000 Lieder uploaden. Mehr dazu erfährst du auf https://www.amazon.de/gp/dmusic/player/settings/.

Als Amazon Prime Mitglied hast du neben kostenfreien Lieferungen, kostenlose Hörbücher und ähnlichem auch Zugriff auf über 2 Millionen reduzierte Titel in der Amazon Musikdatenbank. Für Kunden, die die Amazon Musikdatenbank nutzen möchten, aber keine Amazon Prime Mitgliedschaft abschließen möchten, gibt es das Programm Amazon Musik Unlimited für Echo. Dieses Abo kostet weniger als vier Euro monatlich und damit hast du garantierten Zugang zu über 40 Millionen Titeln in der Datenbank. Das Abo Amazon Musik Unlimited lässt dich ebenfalls auf diese 40 Millionen Titel zugreifen, ist aber ungefähr doppelt so teuer. Für Familien lohnt sich möglicherweise das Amazon Musik Unlimited für Familien Abo, das ungefähr 15 Euro pro Monat kostet. Hie hat jedes Familienmitglied sein eigenen Konto.

Falls du einen Spotify Premium Account hast, kannst du diesen Account mit deinem Alexa verbinden indem du dies in den Einstellungen unter „Musik und Medien" angibst. Über TuneIn kannst du auf verschiedenste Radiosender zugreifen. Mit der Skill laut.fm kannst du ebenfalls Radio hören. Andernfalls kannst du auch die Musik von deinem Smartphone oder ähnlichem über Bluetooth auf das Amazon Echo Gerät übertragen. Beispielsweise mit dem Befehl „Alexa, suche Bluetooth".

Die Funktion Smart Home

Diese Funktion ist gänzlich neu und sehr futuristisch. Hiermit kannst du nahezu alles in deinem Haushalt per Spracheingabe steuern. Die Voraussetzung dafür ist natürlich, dass deine Haushaltsgeräte intelligente Haushaltsgeräte sind. Hier kannst du dein Zuhause mit preisgünstigen und natürlich auch mit unglaublich kostenintensiven Extras ausstatten. Die intelligenten Haushaltsgeräte können mit dem Internet verbunden werden, wo sie dann auf die Alexa Cloud zugreifen können. So können Sprachbefehle über die Alexa Cloud durch die intelligenten Haushaltsgeräte ausgeführt werden.

Da eine dauerhafte WLAN-Verbindung der Geräte mit einem hohen Energieaufwand und eine Bluetooth-Verbindung nicht weitreichend genug wäre, gibt es neuartige Verbindungmöglichkeiten wie Zigbee und Z-Wave. Darüber lässt sich ein Netzwerk erstellen, das den gesamten Haushalt abdeckt und miteinander verbindet. Dies wird dann Mesh Work genannt. Um dieses Mesh Work nun mit der Alexa Cloud verbinden zu können, gibt es einen Smart Hub. Dieser stellt die Verbindung zwischen dem Mesh Work und der Alexa Cloud auf WLAN Basis her. So ein Smart Hub ist natürlich für Smart Home Anfänger nicht unbedingt notwendig. Für Menschen, die das Smart Home Fieber aber schon gepackt hat, ist es ein unverzichtbares tolles Feature!

Zurzeit beliebte Hubs sind der Innogy und Wink Hub von RWE und der SmartThings von Samsung. Der Philips Hue ist zwar kein Smart Hub, aber ein wirklich innovatives intelligentes Beleuchtungssystem. Das Startup SmartThings wurde im Jahr 2012 ins Leben gerufen und im Jahr 2014 von Samsung übernommen. Ebenso wie bei den Produkten von Wink ist die Einrichtung dieser Extras recht kompliziert. Testberichte zeigen, dass das deutsche Produkt Innogy von RWE leichter zu bedienen ist. Folgende mit Alexa kompatible weitere Hubs sind momentan auf dem Markt verfügbar: Abode Gateway, Blumoo Smart Control, Crestron 3-Series Advanced Control System, Control 4 Controller EA1,,3 und 5, HomeseerHometroller, Housebot, Insteon Central Controller Hub 2245-222, Iris Smart Hub, Lutron L-BDG2/BDG-WH Caseta Wireless Smart Bridge, Securifi Almond 3, SylvaniaLightify Osram Hub, Tuya Smart und Wigwag.

Hast du schon mal von intelligenten Steckdosen gehört? Diese können dein Smart Home auf jeden Fall bereichern. Momentan günstige und beliebte Modelle gibt es von TP-Link und Wemo. Weitere mit Alexa kompatible intelligente Steckdosen gibt es von Anukoo, D-Link, GE Lighting, iHome, iDevice, Innogy, Instean, Iris Smart, Leviton, Lutron, Samsung und Sylvania.

Der Bereich der intelligenten Sicherung der eigenen Wohnung oder des eigenen Hauses gewinnt immer mehr an Beliebtheit. Auch dies lässt sich über Alexa realisieren. Entsprechend intelligente Schlösser und Sicherungssysteme gibt es von Alarm.com, August Smart Lock, Blink Home Security Camera System, ButterfleyeCamera, Danalock, Home8, Homeboy, Innogy, Korner Home Security, Myfox, Scout Alarm, Skybell, Samsung SmartThings Home Monitor Kit und Vivint.

Die Regelung der Beleuchtung durch ein Smart Home Programm lässt sich natürlich nur mit Lampen bewerkstelligen, die sich mit einem solchen System koppeln lassen. Philips bietet passend zu dem Philips Hue ein Starter Set mit intelligenter Beleuchtung an. Natürlich gibt es intelligente Birnen auch von anderen Herstellern. Ge- und Cree-Birnen sind momentan die günstigste Variante auf dem Markt. All diese Birnen lassen sich über die Alexa App ganz einfach gruppieren, integrieren und steuern. Mit Alexa verbindbare Birnen neben der CreeConnected, Philips Hue und den Link Smart LED Light Bulb von GE sind beispielsweise: Emberlight Wi-Fi Smart Light

Socket, Flux Wi-Fi Smart LED Light Bulb, Haiku Home Premier, Houmlightingcontrol, Kuna Maximus Smart Home Security Outdoor Light &Camera, LIFX Smart LED, MagicLight, Stack Lighting, SylvaniaLightify und TP-Link Smart.

Du hast es gerne auf Befehl wärmer? Dann ist die Steuerung von Thermostaten in deinem Smart Home über Alexa bestimmt das Richtige für dich! Die Thermostate Ecobee3, Frigidaire, First Alert, Hive, Honeywell, Nest Thermostat, Netatmo, Sensibo, Sensi Smart, Venstar, Tado Smart Air und Wiser Air sind mit Alexa verbindbar.

Immer mehr Menschen möchten in den Genuss eines Fernsehers kommen, den sie über Sprachbefehle steuern können. Vor allem in den USA ist dies schon weiter verbreitet und über eine skill direkt in Alexa integrierbar. In Deutschland ist diese skill noch nicht erhältlich, aber über die Hubs Anymote und Logitech Harmony kann der Smart TV schon über Spracheingabe gesteuert werden.

Neben all diesen futuristischen Möglichkeiten können auch Staubsaugerroboter, Luftbefeuchter und ähnliches über Alexa und die Alexa App gesteuert werden. Dieser Sektor wird mit immer mehr fantastischen und aufregenden Produkten versorgt. Wenn du dich also für ein Smart Home interessiert, schau dich doch mal bei den Smart Home Skills in der Alexa App um!

Es gibt auch durchaus Produkte, die noch nicht durch Alexa Skills mit Alexa verbunden werden können. Allerdings besteht die Möglichkeit diese Produkte dennoch mit Alexa zu verbinden. Apps wie IFTTT 8if thisthanthat), Muzzley, Stringify und Yonomi helfen bei der Kopplungs. Leider sind noch nicht alle intelligenten Geräte für die Nutzung dieser Apps ausgerichtet. Die Yonomi App ermöglicht die Automatisierung der intelligenten Haushaltsgeräte. Yonomi kann beispielsweise deine Haushaltsgeräte scannen und so kannst du sie über die Alexa Spracheingabe bedienen.

Die Sicherheit und Smart Home

Bei der Nutzung der Smart Home Dienste ist darauf hinzuweisen, dass dies noch ein relativ neuer Sektor ist und diese Dienste nicht bestehen, um den eigenen gesunden Menschenverstand auszuschalten.

Folge also immer den Richtlinien der Geräte und Dienste. Beachte die Anweisungen und Nutzungshinweise, um dich selbst nicht zu gefährden und eine reibungslose Funktion des gesamten Systems zu gewährleisten!

Kapitel 3: Der ganze Kosmos Alexas

Neben der Steuerung durch dein Smartphone und deiner Stimme bietet Alexa natürlich noch unglaublich viele weitere nette Möglichkeiten zur Nutzung. In diesem Kapitel findest du einige der tollen Möglichkeiten. Wirklich positiv ist, dass Alexa nicht nur mit Produkten von Amazon kooperieren kann, sondern dass dieser Kosmos auch für Drittanbieter und Hersteller außerhalb von Amazon offen ist. So ist eine einzigartige Vielfalt von Nutzungsmöglichkeiten und eine stetige Verbesserung und Weiterentwicklung gegeben.

Die Amazon Produkte

Die Amazon Produkte sind für die breite Masse konzipiert und sind dementsprechend einen erschwinglichen Preis zu erstehen. Die Alexa Voice Remote kostet circa 25 Euro und kann mit dem Amazon Echo und dem Amazon Echo Dot verbunden werden. Mit diesem Extra kannst du auch auf großer

Distanz oder mit lauten Hintergrundgeräuschen mit deinem digitalen Assistenten kommunizieren.

Ein weiteres Produkt von Amazon, das mit dem Amazon Echo oder dem Amazon Echo Dot verbunden werden kann, ist Amazon Trap. Dies ist ein mobiler Lautsprecher. Die aktuelle Version des Amazon Tap ist gleichermaßen über Sprachbefehle steuerbar. Dies kann in der Alexa App bei der Rubrik Tap unter „Hand free" eingestellt werden. Das Amazon Fire HD 8 Tablet kann mit Alexa verbunden werden. So können die Ergebnisse der Anfragen an Alexa auf dem Tablet angezeigt werden. Auch die zweite Generation der Fire TVs von Amazon ist mit dem Amazon Echo und dem Amazon Echo Dot koppelbar. Der zum Fire TV gehörende Stick kann mit Alexa verbunden werden. So kann der Fernseher per Spracheingabe bedient werden.

Produkte von anderen Anbietern

Der mobile Bluetooth Lautsprecher iLuv Aud Click ist mit Alexa koppelbar. So können Spracheingaben über dieses Gerät eingegeben und anschließend von Alexa verarbeitet werden. Auch der Lautsprecher Invoxia Triby kann beispielsweise als Freisprecheinrichtung mit Alexa verbunden werden. Von der Firma Lenovo gibt es einen eigenen Smart Assistant, der sich mit der Software Alexa nutzen lässt. Die Firma Nucleus hat bereits eine intelligente Wechselsprechanlage mit dem Namen Anywhere Intercom auf den Markt gebracht. Diese intelligente Wechselsprechanlage ermöglicht die Kommunikation innerhalb des Hauses und mit Personen vor der eigenen Haustüre. Durch die Verbindung mit Alexa kann dieses Gerät durch Sprache gesteuert werden. Die Omate Rise Smartwatch ist mit einem Android-System ausgestattet und lässt sich zusätzlich mit Alexa koppeln. Eine weitere Smartwatch, die mit Alexa nutzbar ist, ist die Smartwatch iMCO CoWatch. So können zum Beispiel Smart Home Eingaben über die Uhr getätigt werden.

Des Weiteren haben verschiedenste Firmen Produkte angekündigt, die mit Alexa verbunden werden können. General Electric hat angekündigt, dass sie eine mit Alexa kompatible Nachttischlampe auf LED Basis auf den Markt bringen werden. Auch das noch nicht erschienene Smartphone Huawei Mate 9 wird in enger Verbindung mit Alexa stehen. Dort wird die Software für die Kopplung mit Alexa schon vorinstalliert sein. Ende des Jahres 2017 wird das Gerät Bixi 2.0

auf den Markt kommen. Über dieses Smart Home Gerät können per Spracheingabe und Bewegungen das eigene Hause organisiert werden. Die Firma LG hat bereits einige intelligente Haushaltsgeräte wie Trockner oder Geschirrspüler auf den Markt gebracht. Zusätzlich erscheint Ende des Jahres 2017 der neue Lautsprecher SmartThinQ Hub. Dieser Lautsprecher wird sich problemlos mit den anderen intelligenten Haushaltsgeräten und Alexa koppeln lassen. Eine Firma aus den USA wird ihr neues Wireless Lautsprechersystem Monster Soundstage mit Alexa verbinden. Auch die Autohersteller Volkswagen und Ford arbeiten nach eigenen Aussagen bereits an Automodellen, die Alexa bereits integriert haben. Firmen wie beispielsweise Samsung arbeiten mit Hochtouren an der Entwicklung intelligenter Haushaltsgeräte, die sich mit Alexa verbinden lassen.

Generell lässt sich Alexa mit jeder Hardware, die über Mikrofon, Lautsprecher und Internetverbindung verfügt, verbinden. Die große und breitgefächerte Auswahl an kompatiblen Soft- und Hardware ist auf jeden Fall positiv für die Nutzer von Amazon Echo und Amazon Echo Dot. Der Blick in die Zukunft verrät, dass es immer mehr verschiedene Produkte geben wird, die mit Alexa verbunden werden können.

Kompatible Apps

Wenn du iOS verwendest, gibt es einige Apps, die du mit Alexa verbinden kannst. Die Apps „swift for Alexa" und „Reverb.ai" sind momentan beliebte Apps und verfügen über eine einfache Benutzeroberfläche.

Bei Android Nutzern sind die Apps „Roger", „Reverb.ai" oder „Companion for Amazon Alexa" zurzeit beliebt.

Über diese Apps ist die Steuerung von Alexa möglich

Kapitel 4: Alexas Skills

Skills sind die Optionen, die du ohne Installation auf Alexa freischalten kannst. Nach der Aktivierung kann jeder Skill über ein Weckwort aufgerufen werden. Skills die mit einer kostenpflichtigen Aktivität verbunden sind, benötigen die Verbindung eines Accounts mit Alexa. Die Skills können über die Alexa App, den Computer oder den Skillstore geöffnet werden.

Die Skills sind auf jeden Fall eine gute Basisvariante, die nicht nur von Amazon selbst, sondern auch von weiteren Anbietern entwickelt werden. In den USA sind mittlerweile über 3000 Skills verfügbar. Seit Beginn des Jahres 2017 stehen in dem Alexa Skills Kit für den deutschen Markt über 500 deutschsprachige Skills bereit. Unternehmen wie BWW, TorAlarm, die Tagesschau oder Spiegel Online halten Skills für Alexa bereit.

Die Skills lassen sich grob in mehrere Bereiche unterteilen:

- Skills, die eine kurze Zusammenfassung zu Themen wie Fußball oder ähnlichem bieten

- Skills, die zur Nutzung des Smart Homes beitragen
- Skills, die Fakten bieten
- Skills, über die du spielen kannst
- Und viele weitere Skills

Des Weiteren erfährst du hier nun einigte Details über beliebte Skills!

- Das Tankbuch verwaltet deine Tankrechnungen. Nenne Alexa nach dem Tanken das Datum, die Benzinmenge, den Betrag und den Kilometerstand.
- Mit der Skill der Deutschen Bahn kannst du Verbindungen von Fern- und Nahverkehr herausfinden.
- Mit der Skill My Taxi kannst du dir bequem ein Taxi bestellen.
- Der Skill für das Zähneputzen sorgt mit Musik für ordentlich Motivation beim Zähneputzen.
- Fitbit hilft dir deine sportlichen und gesundheitlichen Ziele zu verwirklichen.
- Gin Cocktail liefert dir viele leckere Rezepte rund um Gin Tonic.

Spaß mit Alexa

Du kannst mit Alexa natürlich auch Spaß haben! Versuch doch mal Alexa ein paar lustige Fragen zu stellen oder ihr Komplimente zu machen. Die Antwort wird garantiert lustig sein!

- „Alexa, ich liebe dich!"
- „Alexa, gibt es Außerirdische?"
- „Alexa, wie geht es dir?"
- „Alexa, wauwau!"
- „Alexa, wie alt bist du?"
- „Alexa, ich habe Rückenschmerzen!"
- „Alexa, gibt es den Osterhasen?"
- „Alexa, was ist deine Lieblingsfarbe?"
- „Alexa, wo wohnt Gott?"
- „Alexa, magst du Pfannkuchen?"
- „Alexa, sing mir etwas vor!"
- „Alexa, hast du ein Haustier?"
- „Alexa, sind wir Freunde?"

- „Alexa, was siehst du?"
- „Alexa, kannst du singen?"
- „Alexa, schlaf gut!"
- „Alexa, ich gehe jetzt!"
- „Alexa, wer bist du?"
- „Alexa, sind wir Freunde?"
- „Alexa, magst du Schildkröten?"
- „Alexa, kannst du husten?"
- „Alexa, überrasche mich!"
- „Alexa, liebst du mich?"
- „Alexa, sag mir etwas nettes!"
- „Alexa, sehe ich gut aus?"
- „Alexa, magst du Star Wars?"
- „Alexa, spiel mir das Lied vom Tod!"
- „Alexa, sprich wie Yoda!"
- „Alexa, sag ein Gedicht auf!"
- „Alexa, sing für mich!"
- „Alexa, wer wie was?"
- „Alexa, sein oder nicht sein?"

- „Alexa, geht die Welt unter?"
- „Alexa, warum sind Bananen gelb?"
- „Alexa, wie tief ist das Meer?"
- „Alexa, wie findest du Angela Merkel?"
- „Alexa, ich habe Geburtstag!"
- „Alexa, es ist Partytime!"
- „Alexa, April April!"

Kapitel 5: Probleme mit Amazon Echo

Falls Alexa sich vom Internet trennt, kann dies an deiner Internetverbindung liegen. Falls es nicht an der Internetverbindung liegt, trenne das gesamte System für mindestens 15 Sekunden vom Strom um es danach neu zu starten. Kontrolliere auch, ob Alexa an einem günstigen Ort mit ausreichender Verbindung zum WLAN steht. Wenn dies alles nicht hilft, kannst du das System mit dem Reset Knopf an der Unterseite des Echo Geräts gänzlich neu starten. Hierbei gehen die zuvor gespeicherten Informationen verloren. Falls Alexa Probleme hat dich zu verstehen, versuche es mit einem anderen Standort! Bei weiteren Problemen können Updates weiterhelfen, die Alexa Community oder letztendlich auch der Amazon Kundenservice!

Seitens Datenschützer gibt es immer wieder Kritik an diesem System. In der USA hat das FBI bei Ermittlungsmaßnahmen beispielsweise auf die in der Alexa Cloud gespeicherten Spracheingaben zugegriffen. Dies oder anders motiviertes Eindringen in die Privatsphäre wird natürlich auch von Seiten deutscher Datenschützer befürchtet. Die Bundesbeauftragte von Datenschutz,

Andrea Voßhoff, kritisiert die fehlende Transparenz der Nutzung der gespeicherten Spracheingaben. Auch wird von Kritikern angemerkt, dass durch das Amazon Echo oder das Amazon Echo Dot die Möglichkeit bietet die Haushalte auditiv zu überwachen. Hier sind also noch ausbaufähige Punkte im Themenbereich des Schutzes der Privatsphäre der Nutzer.

Nutzer fragen sich auch, ob die persönlichen Daten weitergeleitet werden können und in wie weit das System vor Hackerangriffen geschützt ist. Auch bemerken Kritiker, dass die Server der Alexa Cloud nicht in Deutschland stehen, sondern im Ausland wo es möglicherweise andere Datenschutzbestimmungen als in Deutschland gibt.

Schlusswort

Hoffentlich konntest du einige Anregungen für die Benutzung von Amazon Echo und Amazon Echo Dot in diesem Buch finden!

Neben der Einrichtung deines neuen digitalen Assistenten hast du nun auch sicherlich einige Bereiche entdeckt, die du mit Alexa erforschen möchtest. Egal ob du Alexa zum Musik hören, zum planen deiner Woche, zum Erstellen von Einkaufslisten oder wirklich zum Kontrollieren deines Smart Homes nutzt, du bist nun auf jeden Fall mit allen nötigen Informationen ausgestattet!

Vielleicht konntest du als neuer Nutzer einen guten Überblick über die Geschichte, die Entstehung, die Funktionsweise, die Skills und alle kompatiblen Smart Home Anwendungen erhalten. Für fortgeschrittene Nutzer waren hoffentlich auch noch einige Tipps und Tricks dabei, um den Umgang mit Alexa zu optimieren und vielleicht noch den einen oder anderen neuen Bereich zu entdecken.

In der Zukunft wird es noch einige dieser digitalen Assistenten geben und natürlich auch mit viel ausgereifteren Features. Uns steht also eine Revolution unseres Alltags bevor! Mit Hilfe von immer ausgereifteren digitalen Assistenten wird sich unser Leben grundlegend verändern. In wie weit die künstliche Intelligenz sich entwickeln wird, ist nicht klar, aber nach oben sind keine Grenzen gesetzt.

Ich wünsche dir viel Spaß mit Alexa!

Quellen

- Black, N. (2015). Product note: Amazon Echo. *GP Solo EReport,4*(12), GP Solo eReport, 2015, Vol.4(12).

- Buttermann, A. (2004). *Geschäftsmodelle Für Netzeffektgüter : Eine Analyse Am Beispiel Des Smart Home / Vorgelegt Von Anne Buttermann.*, 206, XXX S. : graph. Darst.-206, XXX S. : ; graph. Darst.

- Yang Zhongguo, & Cai Tianfang. (2015). The Research on Smart Home's Wireless Control Mechanism. *International Journal of Smart Home,9*(6), 119-132.

- Yajing Pang, &Sujuan Jia. (2016). Wireless Smart Home System Based On Zigbee. *International Journal of Smart Home,10*(4), 209-220.

- Smirek, Zimmermann, &Beigl. (2016). Just a Smart Home or Your Smart Home – A Framework for Personalized User Interfaces Based on Eclipse Smart Home and Universal Remote Console. *Procedia Computer Science,98*, 107-116.

Impressum

Text: Copyright © 2018 by Libros Trading Ltd

Business Center

Dubai World Center

P.O. Box 390667

Alle Rechte vorbehalten.

Nachdruck oder Kopieren, auch auszugsweise, ist ohne Erlaubnis des Autors nicht gestattet.

Cover-Foto: © Vector Galaxy/ www.shutterstock.com

Wichtiger Hinweis:

Die in diesem Buch enthaltenen Informationen dienen ausschließlich informativen Zwecken und dürfen unter keinen Umständen als Ersatz für eine professionelle Beratung oder Behandlung durch ausgebildete und anerkannte Ärzte angesehen werden. Diese beinhalten keinerlei Empfehlungen bezüglich bestimmter Diagnose- oder Therapieverfahren. Die Inhalte dürfen niemals als eine Aufforderung zur Selbstbehandlung oder als Grundlage für Selbstdiagnosen und -medikation verstanden werden. Die Informationen spiegeln lediglich die Meinung des Autors wieder. Der Autor übernimmt für die Art oder Richtigkeit der Inhalte keine Garantie, weder ausdrücklich noch impliziert.

Sollten Inhalte des Buches gegen geltendes Recht verstoßen, dann bittet der Autor um umgehende Benachrichtigung. Die betreffenden Inhalte werden dann umgehend entfernt oder geändert.

Haftung für Links

Das Buch enthält Links zu externen Webseiten Dritter, auf deren Inhalte wir keinen Einfluss haben. Deshalb können wir für diese fremden Inhalte keine Gewähr übernehmen. Für die Inhalte der verlinkten Seiten ist stets der jeweilige Anbieter oder Betreiber der Seiten verantwortlich. Die verlinkten Seiten wurden zum Zeitpunkt der Verlinkung auf mögliche Rechtsverstöße überprüft. Rechtswidrige Inhalte waren zum Zeitpunkt der Verlinkung nicht erkennbar. Eine permanente inhaltliche Kontrolle der verlinkten Seiten ist jedoch ohne konkrete Anhaltspunkte einer Rechtsverletzung nicht zumutbar. Bei Bekanntwerden von Rechtsverletzungen werden wir derartige Links umgehend entfernen.

www.ingramcontent.com/pod-product-compliance
Lightning Source LLC
Chambersburg PA
CBHW050025230526
45470CB00003B/1126